PRINCIPES GÉNÉRAUX
DU
CAVALIER ARABE

PAR

LE GÉNÉRAL E. DAUMAS

PARIS
LIBRAIRIE DE L. HACHETTE ET Cie
RUE PIERRE-SARRAZIN, N° 14

1854

PRINCIPES GÉNÉRAUX

DU

CAVALIER ARABE

TYPOGRAPHIE DE CH. LAHURE
Imprimeur du Sénat et de la Cour de Cassation
rue de Vaugirard, 9.

PRINCIPES GÉNÉRAUX

DU

CAVALIER ARABE

PAR

LE GÉNÉRAL E. DAUMAS

PARIS

LIBRAIRIE DE L. HACHETTE ET Cie

RUE PIERRE-SARRAZIN, N° 14

1854

AVANT-PROPOS.

A la nage, les jeunes gens à la nage,
Les balles ne tuent pas,
Il n'y a que la destinée qui tue,
A la nage, les jeunes gens à la nage.

Chant des Angades.

Nous avons toujours eu la conviction que les idées pratiques gagnaient à être présentées sous une forme brève et concise. Le seul moyen de vulgariser une vérité est de lui trouver une formule qui soit à la portée de toutes les intelligences et de toutes les mémoires. Nous avons donc essayé de réunir dans quelques pages les principes émis dans un ouvrage [1] que le public a accueilli avec une grande bienveillance, qui a été traduit à l'étranger, et que M. le comte d'Aure, notre célèbre écuyer, n'a pas craint de signaler à l'attention de toute la cavalerie française [2].

On ne peut nier la compétence, en matière chevaline, du peuple chez qui le cheval est l'objet de l'affection la

1. *Les chevaux du Sahara*, chez Schiller aîné, éditeur, 11, faubourg Montmartre. Ouvrage publié avec l'autorisation du ministre de la guerre, et traduit en allemand et en espagnol.

2. *Cours d'équitation*, par M. le comte d'Aure, écuyer en chef de l'école de cavalerie. 1853 (Saumur), Niverlet, libraire, rue d'Orléans.

plus vive et de la plus constante préoccupation. Les maximes arabes que nous reproduisons ici, joignent à la justesse du fond, le pittoresque de la forme. Cette dernière qualité servira puissamment à les graver dans les esprits auxquels elles s'adressent. L'originalité du langage a eu, de tout temps, pour les imaginations populaires, un attrait dont il nous a semblé qu'on pourrait tirer un utile parti.

Il n'est pas un de nos cavaliers qui n'apprenne, avec plaisir, et ne retienne sans peine, des préceptes où l'on trouve la bonhomie du proverbe jointe à la verve de la saillie. Nous aurions pu, assurément, donner un développement à ces axiomes, mais nous aurions été conduits, alors, à composer un traité que nous n'avions pas l'intention d'écrire. J'aime mieux laisser à mes camarades de l'armée une tâche que rempliront admirablement leur intelligence et leur dévouement aux membres de la famille militaire qu'ils sont chargés de conduire.

Le général,

E. Daumas.

PRINCIPES GÉNÉRAUX

DU CAVALIER ARABE.

CHOIX DU CHEVAL.

Découvre son dos
Et rassasie ton œil.

C'est un cheval qui, sans jamais se fatiguer, finit toujours par faire demander grâce à son cavalier.

Sa tête est sèche, ses oreilles et ses lèvres sont fines, son encolure légère, sa peau noire et douce, et ses articulations larges.

Par la tête du Prophète, il est de noble race et vous ne demanderiez jamais combien il a coûté si vous l'aviez vu marcher à l'ennemi.

Chant des Saharis.

1.

Achète un bon cheval : si tu poursuis, tu atteins, et, si tu es poursuivi, l'œil ne saura bientôt plus où tu auras passé.

2.

Le cheval de race est bien proportionné; il a les naseaux larges comme la gueule du lion, le poitrail avancé, le garrot saillant, les reins ramassés, les hanches fortes, les côtes de devant longues, et celles de derrière courtes, le ventre peu prononcé, la croupe arrondie, les rayons supérieurs longs comme ceux de l'autruche, et garnis de muscles comme ceux du chameau, la queue très-grosse à sa naissance, et déliée à son extrémité.

3.

Le cheval doit avoir
Quatre choses larges :
Le front,

Le poitrail,
Les lombes
Et les membres.

Quatre choses longues :

L'encolure,
Les rayons supérieurs,
La poitrine
Et la croupe.

Quatre choses courtes :

Les reins,
Les paturons,
Les oreilles
Et la queue.

4.

Un cheval noble boit rarement avant d'avoir troublé l'eau; à chaque instant il crispe les lèvres, ses yeux sont toujours en mouvement; il abaisse et relève alternativement les oreilles, et tourne son encolure à droite ou à gauche, comme s'il voulait parler ou demander quelque chose. *A tous ces caractères, joint-il la sobriété, celui qui le possède peut se considérer comme ayant deux ailes.*

5.

Les Arabes veulent encore chez le cheval :

De la gerboise,

La prestesse du demi-tour et la douceur du poil ;

De la gazelle,

L'œil, la grâce et la bouche;

De l'antilope,

La gaieté et l'intelligence;

De l'autruche,

La vitesse et la vue;

Du lévrier,
La sécheresse des membres;

Du sanglier,
Le courage et la largeur de la tête;

Et de la vipère,
Le peu de longueur de la queue.

6.

En allongeant l'encolure et la tête pour boire dans un ruisseau qui coule à fleur de terre, si le cheval reste bien d'aplomb, sans replier l'un des membres antérieurs, soyez assuré qu'il a des qualités, et que toutes les parties de son corps sont en harmonie.

7.

Pour avoir un bon cheval, cherche-le, large, et achète : *l'orge le fera courir.*

8.

Préfère le cheval de montagne au cheval de plaine, et celui-ci au cheval de marais, qui n'est bon qu'à porter le bât.

9.

Prends, autant que possible, pour la guerre, des chevaux entiers : un cheval castré est réduit au degré de la jument, et il est reconnu que, partout, la femelle est plus faible que le mâle.

10.

Choisis des robes franches et foncées.

Les robes claires et lavées, ainsi que les taches blanches à la tête, sur le corps et aux extrémités, surtout quand elles sont larges, longues ou hautes; regarde-les comme des dégénérescences de race et des indices de faiblesse.

11.

N'achète jamais, pour ton service, un cheval qui, lorsqu'on lui rend la main, dit : *retiens-moi;* et, quand on le retient, dit : *lâche-moi.*

12.

Ne te charge jamais d'un cheval malade ou blessé ; vînt-on à te dire que ce n'est là qu'un accident passager. Souviens-toi du dicton de nos pères :

Ruiné, fils de ruiné,
Celui qui achète pour guérir.

13.

Prends toujours, pour la fatigue et les combats, *un traîneur avec sa queue* (cheval de sept ans et au-dessus). Le jour où les cavaliers seront tellement pressés que les étriers se heurteront, lui seul pourra te sortir de la mêlée et te ramènera dans ta tente, fût-il traversé d'une balle.

Nos anciens ont dit :

Sept ans pour mon frère,
Sept ans pour moi[1]
Et sept ans pour mon ennemi.

14.

Méfie-toi du cheval qui mouille sa

1. C'est donc de 7 à 14 ans, suivant les Arabes, que le cheval est le plus apte à supporter les fatigues de la guerre.

musette en mangeant l'orge, qui goûte l'eau du bout des lèvres, dont l'anus est béant et venteux, ou dont les crottins ne sont pas égaux.

Gare-toi de celui qui nie *les éperons* (rue à la botte), *se sauve des étriers* (difficile au montoir), fuit son cavalier dès qu'il a mis pied à terre, ou craint la poudre. *Ce sont de graves défauts pour la guerre.*

15.

Le cheval dont le poitrail est enfoncé, *fuis-le comme la peste.*

Mais celui dont la croupe est aussi longue que le dos et le rein réunis, prends-le les yeux fermés, *c'est une bénédiction.*

16.

Pour t'assurer promptement de la

valeur d'un cheval, mesure-le depuis l'extrémité du tronçon de la queue jusqu'au milieu du garrot; et puis, du milieu du garrot, jusqu'à l'extrémité de la lèvre supérieure, en passant entre les oreilles.

Si, dans les deux cas, la mesure est égale, l'animal est bon, mais d'une vitesse ordinaire.

Si la mesure est plus longue en arrière qu'en avant, le cheval est sans moyens.

Mais si, au contraire, la mesure est plus considérable en avant qu'en arrière, l'animal, sois-en certain, a de grandes qualités.

Plus l'avantage appartient à la partie antérieure, et plus le cheval a de prix.

On peut, avec un tel cheval, frapper au loin[1].

1. M. le comte d'Aure, écuyer en chef de l'école de cavalerie, a désiré s'assurer par lui-même, du plus ou moins de valeur d'un principe dû à la longue expérience des Arabes, il en a fait l'essai sur plus de cent chevaux dont il connaissait à l'avance ou les moyens ou les défauts, et il a bien voulu me dire, plusieurs fois, que jamais cette méthode n'avait menti.

Il est bien entendu qu'en s'exerçant un peu, on arrive facilement à se former le coup d'œil de manière à n'avoir plus besoin de mesurer. Un cheval passe, on compare rapidement, à partir du garrot, la partie antérieure à la partie postérieure, sauf les détails, et il est jugé.

NOURRITURE.

Donne de l'orge et abuse.

O mon Dieu ! sauve-nous et sauve nos chevaux !
Tous les jours nous couchons dans un pays nouveau,
Pourvu qu'elle se rappelle nos veillées,
Avec les flûtes et les tambours.

Chant des Hamyâne.

17.

Donnez de l'orge à vos chevaux, privez-vous pour leur en donner encore : Sidi Hamed Ben Youssouf a dit :

Si je n'avais pas vu la jument faire les chevaux, je dirais que c'est l'orge qui les enfante.

Et il a ajouté :

Au-dessus des éperons il n'est que l'orge[1].

18.

Choisissez de l'orge pesante sans mauvaise odeur, et dégagée de la terre qui s'y mêle dans les silos, ainsi que de ces grains flétris et noirs qui ont été frappés par le vent du sud.

19.

Le Prophète a dit :

Chaque grain d'orge donné à vos chevaux vous vaudra une indulgence dans l'autre monde.

1. Dans ce chapitre, remplacez partout le mot *orge* par celui *avoine*, et ces sages préceptes nous deviendront parfaitement applicables.

20.

Ne laisse jamais ton cheval à côté d'autres chevaux qui mangent l'orge, sans qu'il la mange aussi.

21.

Préfère la paille d'orge à la paille de froment et ne donne jamais cette dernière avant l'automne.

22.

Quand tu peux faire autrement, ne donne pas de vert à ton cheval de guerre.

Le vert engraisse, mais ne fortifie pas.

23.

Ne permettez ni aux chiens, ni aux ânes de se coucher sur la paille ou sur l'orge que vous devez donner à vos chevaux.

24.

Quand tu viens d'acheter un cheval, étudie-le avec soin, donne-lui l'orge progressivement jusqu'à ce que tu sois arrivé à la quantité qu'exige son appétit.

Un bon cavalier doit connaître la mesure d'orge qui convient à son cheval, aussi bien que la mesure de poudre qui convient à son fusil.

25.

La nourriture du matin s'en va au fumier, celle du soir passe à la croupe.

26.

Le cheval marche avec la nourriture de la veille, et non avec celle du jour [1].

1. C'est une conviction solidement établie chez les Arabes que, si le cheval a bu à satiété la veille et bien mangé pendant la nuit, on peut, *sans le moindre inconvénient*, ne rien lui donner le lendemain, quand surtout on se remet en marche de grand matin.

Aussi, dans nos camps, peuplés quelquefois de 15 ou 1800 cavaliers arabes expéditionnant avec nous, que se passait-il journellement sous nos yeux? le voici; tous les vieux officiers de l'armée d'Afrique peuvent l'attester.

Contrairement à nos habitudes, jusqu'au départ, le calme le plus parfait continuait à régner dans le bivouac arabe. Aucun moment n'était perdu pour le repos du cheval; on ne lui donnait ni à boire ni à manger, seulement un peu avant de prendre la route, on le nettoyait avec une musette, *on remplaçait sur son dos la couverture de nuit par la selle*, on bridait, on pliait les tentes, on faisait la prière du matin, et l'on était prêt à l'heure indiquée.

Plus d'une fois il m'est arrivé de témoigner

mon étonnement d'un pareil système, mais on m'a toujours répondu :

« Pourquoi ferais-tu pour ton cheval ce que tu ne fais pas pour toi-même ?

« Lorsque tu sors de table à 10 ou 11 heures du soir, peux-tu t'y remettre, le lendemain, à la pointe du jour ? »

BOISSON.

Fais boire avec la bride
Et manger avec la sangle.

Quels sont ceux qui me pleureront après ma mort ?

Mon épée, ma lance de Boudaïna et mon alezan à la taille élancée, traînant ses rênes à la fontaine, la mort lui ayant enlevé son cavalier qui le faisait boire.

Un poëte arabe.

27.

Soyez très-scrupuleux sur le choix de l'eau que vous donnez à vos chevaux.

28.

En hiver ne fais boire qu'une fois par jour, à une heure ou deux de l'après-midi, et ne donne l'orge que le soir au coucher du soleil. C'est une bonne habitude de guerre, et, en outre, le moyen de rendre la chair du cheval ferme et dure.

29.

En été fais boire deux fois par jour, le matin, de bonne heure, et, le soir, après le coucher du soleil.

30.

Faire boire au lever du soleil, fait maigrir le cheval.

Faire boire au milieu du jour, le maintient en son état.

Faire boire le soir, le fait engraisser.

31.

Ne fais jamais boire après avoir

donné l'orge, ce serait tuer ton cheval.

32.

Ne fais jamais boire ton cheval après une course rapide; tu risquerais de le voir frappé par l'eau (arrêt de transpiration).

33.

Cependant, quand, à la guerre, ou a la chasse, tu as mis ton cheval en nage et que tu rencontres un ruisseau, ne crains pas de laisser ton cheval avaler 7 à 8 gorgées avec son mors. Cela ne lui fera aucun mal, et lui permettra, au contraire, de continuer sa course.

34.

Après des fatigues excessives, *fais boire avec la bride*, *fais manger avec la sangle*, et tu t'en trouveras toujours bien.

35.

Un cavalier, dans le désert, est bien près d'être méprisé quand on peut dire de lui :

Son cheval boit de l'eau trouble[1].
Et sa couverture est trouée.

1. Dans nos longues expéditions, j'ai vu souvent, après de longues journées de marche par des chaleurs intolérables, par un vent du sud qui nous étouffait et nous soufflait le sable et la poussière au visage, quand cavaliers et fantassins, tous haletants, inertes, épuisés, nous nous laissions aller, affaissés, à un repos fatigant encore et souvent troublé par les alertes que nous causait l'ennemi rôdant et tournoyant aux environs, j'ai vu, dis-je, des Arabes qui marchaient avec nous se rendre à une lieue du bivouac pour faire boire leurs chevaux à une source pure qui leur était connue. Ils aimaient mieux ainsi risquer leur vie

que d'avoir la douleur d'abreuver leurs chevaux dans les ruisseaux souvent peu abondants du camp, ruisseaux dont le piétinement des hommes et des bêtes de somme avait souvent fait autant d'infects cloaques.

HYGIÈNE. — SOINS.

Aimez les chevaux, soignez-les,
Par eux l'honneur et par eux la beauté.

Mon cheval vaut mieux que tout,
Mieux que mon père, mieux que mes oncles,
Mieux que les biens de cette terre.
Aucun sultan n'a montré son pareil,
C'est un marabout, les femmes viennent le visiter.

Chant des Oulad Nayl.

36.

Tenez vos chevaux propres[1].

On conduisit un jour un cheval au Prophète, il l'examina, se leva et sans

1 Les Arabes, qui nous ont vus panser nos chevaux le matin et le soir avec un soin minutieux, prétendent que ce frottement continuel

mot dire, il se mit à le frotter, n'ayant pas autre chose sous la main, avec la manche de son vêtement.

« Quoi! même avec vos vêtements? lui dirent les assistants.

— Certainement, répondit-il, et c'est l'ange Gabriel qui m'a plus d'une fois réprimandé et ordonné d'en agir ainsi. »

37.

Préserve ton cheval, avec une égale persévérance, et des froids rigoureux et des chaleurs excessives.

de l'épiderme *avec l'étrille surtout* nuit à leur santé, les rend délicats, très-impressionnables à l'air extérieur, et, par suite, peu propres aux fatigues de la guerre, ou tout au moins plus sujets aux maladies.

Le principe, chez eux, est de les tenir propres, ni plus, ni moins.

38.

Pendant la nuit, été comme hiver, couvre bien ton cheval.

Le froid de l'été
Est pire qu'un coup de sabre.

39.

Au bivouac choisis un terrain sec, à l'abri des courants d'air, uni, éloigne de ton cheval la boue, les excréments, l'urine, et place-le de manière que l'avant-main soit un peu plus élevée que l'arrière-main. Placer ton cheval le devant plus bas que le derrière, c'est vouloir la ruine de ses épaules.

40.

Lorsqu'il fait chaud, et que tu le peux, lave ton cheval matin et soir.

41.

Après une longue course, ou bien desselle immédiatement ton cheval et jette-lui de l'eau froide sur le dos, en ayant soin de le faire promener en main, ou bien laisse-le sellé jusqu'à ce qu'il soit entièrement sec et qu'il ait mangé l'orge. Point de terme moyen entre ces deux partis.

42.

En station, comme en campagne, entrave ton cheval, tu éviteras les accidents et tu pourras dormir tranquille [1].

1. Les Arabes repoussent complétement notre manière d'attacher les chevaux avec des longes ; ils prétendent qu'en sus des vices ou des accidents graves qu'elles peuvent occasionner, tels qu'enchevêtrures, tics, etc., etc., elles ont encore le grave inconvénient d'empêcher

43.

Un sage a dit :

Le noble travaille de ses mains, sans rougir, en trois circonstances.

Pour son cheval, pour son père, pour son hôte.

le cheval de se reposer. Il est de fait qu'avec les entraves, le cheval allonge la tête et l'encolure, et se place, quand il veut dormir, absolument dans la position du lévrier qui s'étend au soleil.

Tous ceux qui ont fait la guerre ont, du reste, remarqué que dans les bivouacs, avec les entraves, on ne voyait plus errer, au risque de mille accidents, ces nombreux chevaux qui, chaque jour, enlèvent si facilement le piquet auquel leur longe est fixée.

ÉDUCATION.

Le cavalier fait le cheval
Comme le mari fait la femme.

J'ai préparé, pour le cas où la fortune me serait infidèle, un buveur d'air aux formes parfaites, qu'aucun autre n'égale en vitesse.

J'ai aussi un sabre étincelant qui tranche, d'un seul coup, le corps de mes ennemis.

Et cependant la fortune m'a traité comme si je n'avais jamais assisté au spectacle émouvant de nos chevaux de race surprenant l'ennemi à la pointe du jour.

Comme si je n'avais jamais ramené des fuyards au combat en leur criant :

« Fatma, filles de Fatma[1] !

« La mort est une contribution frappée sur nos têtes, tournez l'encolure de vos chevaux et reprenez la charge. »

L'émir Abd-el-Kader.

44.

Le cheval, comme l'homme, ne

1. Voulant exprimer ainsi que ces fuyards n'étaient plus que de faibles femmes.

s'instruit vite et bien que dans le premier âge.

Les leçons de l'enfance se gravent sur le marbre.

Les leçons de l'âge mûr disparaissent comme les nids des oiseaux.

Les Arabes disent encore :

La jeune branche se redresse sans grand travail.

Mais le gros bois ne se redresse jamais.

45.

Fais-le manger poulain d'un an, il ne se fera pas d'entorse.

Monte-le de deux à trois [1], *jusqu'à ce qu'il soit soumis.*

1. A dix-huit mois, on commence à faire monter le poulain, mais par un enfant qui le mène boire et le conduit au pâturage. Il a

Nourris-le bien de trois à quatre ; remonte-le ensuite,

Et s'il ne convient pas, vends-le, sans balancer.

46.

Ne pas entreprendre de bonne heure l'éducation du poulain, c'est tout simplement vouloir un cheval impropre au service de la guerre.

Fréquente donc le poulain dès son jeune âge, et tu trouveras, plus tard, un cheval souple, docile et dur à la fatigue [1].

pour frein une longe ou un mors de mulet très-doux.

On voit que les Arabes sont bien loin de ces hommes de routine qui ne pensent qu'à engraisser les chevaux et ne les veulent monter que de 5 à 6 ans.

1. Pendant ma longue carrière, dans mes tribus, chez mes amis ou parmi mes serviteurs,

47.

Si tu veux un cheval *des jours noirs*, *un cheval de la vérité* pour les jours

j'ai vu élever plus de deux mille poulains, et j'affirme que tous ceux dont l'éducation n'a point été commencée de bonne heure et d'après les principes énoncés ci-dessus, n'ont jamais fait que des chevaux indociles, désagréables et impropres à la guerre.

J'affirme encore que lorsque j'ai fait des courses longues et rapides à la tête de douze ou quinze cents cavaliers, les chevaux en chair, maigres même, mais habitués de bonne heure à la fatigue, n'ont jamais quitté mes drapeaux; tandis que les chevaux gras ou montés trop tard, sont toujours restés en arrière.

Ma conviction à cet égard est tellement basée sur une longue expérience, que dernièrement, me trouvant au Caire (*Masseur*) dans la nécessité d'acheter quelques chevaux, je refusai impitoyablement tous ceux qui me furent présentés et qui n'avaient été montés que tard.

« Comment ton cheval a-t-il été élevé ? » fut toujours ma première question.

de poudre, rends ton cheval sobre,

« Seigneur, me répondit un habitant de la ville, ce gris pierre de la rivière[1] a été élevé chez moi comme l'un de mes enfants, toujours bien nourri, bien soigné et bien ménagé, car je n'ai commencé à le monter qu'après ses quatre ans accomplis. Voyez comme il est gras et sain dans ses membres.

— Eh bien, mon ami, garde-le, il fait ton orgueil et celui de ta famille, ce serait une honte à ma barbe blanche que de t'en priver.

— Et toi, demandai-je ensuite à un Arabe que je reconnus pour un enfant du désert, tant il était bruni par le soleil, comment ton cheval a-t-il été élevé?

— Seigneur, me répondit-il, de bonne heure j'ai façonné son dos à la selle et sa bouche à la bride, avec lui j'ai souvent frappé au loin, très-loin, il a passé bien des jours sans boire et bien des nuits sans manger, il a la côte nue, c'est vrai, mais si vous rencontrez les coupeurs de route il ne vous laissera pas dans l'embarras. Je le jure par le jour du ju-

1. *Gris étourneau ou ardoisé.*

dur, sage au montoir et inaccessible à toute espèce de crainte [1].

gement dernier, quand Dieu sera kadi et les anges témoins.

— Attachez l'alezan brûlé devant ma tente, dis-je à mes serviteurs, et contentez cet homme. »

Sid Hamed-ben-Mohamed-el-Mokrani, kalifa de la Medjana, chef de l'une des familles les plus illustres de toute l'Algérie. — Il est actuellement à Paris, revenant de la Mecque).

(15 février 1853).

1. Cette éducation, suivant qu'elle est bien ou mal faite, peut avoir les plus graves conséquences dans la vie du guerrier arabe. On y apporte donc les plus grands soins, et, partout, on arrive à obtenir que le cheval se laisse facilement monter et ne fuie jamais son cavalier une fois qu'il a mis pied à terre.

Voici ce que nous avons tous vu.

Un Arabe arrive au marché, il met pied à terre au milieu de quinze ou vingt chevaux, ou juments; vous croyez qu'il va faire tenir son

48.

Ne battez pas vos chevaux, ne leur parlez qu'à voix basse et sans emportement, faites-leur des remontrances et ils éviteront les fautes qui les ont provoquées, car ils comprennent la colère de l'homme.

49.

Si cependant tu viens à rencontrer, par hasard, un animal insensible à la douceur, ne crains pas alors d'employer la puissance des éperons et

cheval par quelqu'un ; non, il passe les rênes, les laisse tomber à terre, met une pierre dessus et s'en va tranquillement vaquer à ses affaires.

Deux heures après il revient, retrouve son cheval qui n'a pas bougé de la place, où probablement il s'est cru attaché, se met en selle et retourne dans son pays.

fais-le de manière à ce qu'il n'oublie jamais la punition que tu lui auras infligée.

50.

Les chevaux connaissent leur cavalier.

51.

Les éperons ajoutent un quart à l'équitation du cavalier et un tiers à la vigueur du cheval.

52.

Le cavalier qui ne donne pas un bon pas à son cheval excite la pitié. *Le pas c'est le galop de toujours.*

53.

Le Prophète a dit :

Le bonheur est noué au toupet de vos chevaux.

TRAVAIL.

Le montement des chevaux,
Le lâchement des lévriers,
Et le cliquetis des boucles d'oreille
Vous ôtent les vers d'une tête [1].

Les sabres sont tirés, les guerriers se sont rangés.
Le cheval va devenir plus précieux que l'épouse;
Le feu des combats s'est allumé, je le dirige au milieu des hasards,
Il me protége de sa tête, de sa croupe, et fait fuir mes ennemis.
Que Dieu protége ce cheval à crinière,
Dont les yeux sont flamboyants!

Chant des Oulad-sidi-Chikh.

54.

Le cavalier de la vérité doit peu manger et surtout boire. S'il ne peut

1. *Dissipent les chagrins.*

supporter la soif, il ne fera jamais un homme de guerre, ce n'est plus qu'une grenouille des marais.

55.

Soyez propres et faites vos ablutions avant de monter à cheval. Le Prophète vous aimera.

56.

Celui qui commet une incongruité sur le dos de son cheval, n'est pas digne de le posséder. Il en sera puni, son cheval se blessera [1].

57.

Pour préparer un cheval trop gras aux fatigues de la guerre, fais-le

1. Les chefs arabes entretiennent avec soin ces idées, pour inculquer à tous l'estime et l'amour du cheval.

maigrir par l'exercice, jamais par la privation de nourriture.

58.

Au départ le cavalier ne doit pas craindre de jouer, pendant quelques minutes, avec son cheval. De la sorte il lui déliera les jambes et s'assurera du repos pour toute la journée. De même après une journée pénible, au moment d'arriver à sa tente, qu'il fasse un peu de *fantasia*, les femmes de la tribu applaudiront en disant : *Voilà un tel, fils d'un tel.*

Et puis il saura ce que vaut son cheval.

59.

Quand tu as une longue course à faire, ménage ton cheval par des interruptions au pas qui lui permettront de reprendre haleine. Continue jusqu'à ce qu'il ait sué et séché trois fois, laisse-le uriner, ressangle-le et demande-lui ensuite ce que tu voudras, il ne te laissera jamais dans l'embarras.

60.

Un cheval médiocre doit faire dans un jour, aux allures vives, la marche de deux jours.

Un bon cheval doit faire, dans un jour, la marche de trois jours.

Le cheval de race, s'il est bien mené, donne au besoin, dans un jour, la marche de cinq jours [1].

1. Les Arabes entendent généralement par la marche d'un jour une dizaine de lieues.

Le cheval médiocre doit donc faire, au besoin et sans souffrir, vingt lieues.

Le bon cheval, trente lieues.

Et le cheval de race, cinquante lieues.

J'ai vu souvent des Arabes entreprendre de

61.

On doit user de son cheval comme d'une peau de bouc :

L'ouvrez-vous progressivement et en resserrant son embouchure, vous conservez facilement de l'eau, mais

ces courses obligées, et je ne sais vraiment lequel admirer le plus ou de la hardiesse avec laquelle ils emploient leurs chevaux, ou de l'habileté inouïe avec laquelle, tout en les employant, ils savent les ménager. Au lieu de parcourir, comme chez nous, de très-longues distances à la même allure, soit pas, trot, ou galop, ils n'en parcourent que de courtes et répètent souvent les changements d'allures.

Voilà la méthode qu'ils suivent de temps immémorial, et ils s'en trouvent bien.

J'ajouterai que chaque Arabe arrive ainsi à savoir exactement ce que peut faire son cheval, et par conséquent ce qu'il peut entreprendre ou non.

En est-il de même chez nous?

si vous l'ouvrez brusquement, l'eau s'échappe d'un seul coup, il ne vous reste plus rien pour la soif.

62.

Si tu poursuis un ennemi et qu'il commette la faute de pousser son cheval, modère le tien et tu es sûr d'atteindre le fuyard.

63.

Si tu as mis ton cheval au galop, et que d'autres cavaliers te suivent, calme-le, ne l'excite pas, il s'animera assez de lui-même.

64.

Quand, après une course rapide, tu peux donner du répit à ton cheval, fais-le, et, si tu dois recommencer, le moment t'en sera signalé par l'épuisement du mucus qui sort de ses naseaux.

65.

Dans un cas *de vie et de mort*, sens-tu ton cheval près de manquer d'haleine, ôte-lui la bride, ne fût-ce qu'un instant, et donne-lui sur la croupe un coup d'éperon[1] assez fort pour amener du sang.

Il urinera et pourra peut-être te sauver.

66.

Ne faites pas courir vos chevaux en montant ou en descendant, à moins que vous n'y soyez forcés. Vous devez, au contraire, ralentir le pas.

1. On sait que les éperons arabes sont à une seule branche, longs et pointus.

Qu'aimes-tu mieux, demandait-on au cheval, de la montée ou de la descente? Il a répondu :

Que Dieu maudisse leur point de rencontre!

67.

Après avoir marché longtemps dans la montagne, et par des sentiers difficiles, quand le cavalier vient à déboucher dans la plaine, il est bon qu'il fasse un peu courir son cheval.

68.

Ne faites pas courir vos chevaux, à moins de force majeure, dans les grandes chaleurs de l'été.

Le cheval dit :

Ne me fais pas courir en été si tu

veux que je te sauve, un jour, du sabre.

69.

Celui qui, le pouvant, ne s'arrête pas pour laisser uriner son cheval, commet un péché.

Ses compagnons doivent s'arrêter aussi.

C'est une action méritoire.

70.

Lorsqu'en marche tu as un vent très-fort en tête, arrange-toi, si c'est possible, pour l'éviter à ton cheval, tu lui épargneras des maladies.

71.

Avec un cheval, qui, arrivé à la couchée, se secoue et urine, gratte la terre du pied, et hennit à l'approche de l'orge ; puis, la tête entrée dans la musette, commence par mordre, avec furie, trois ou quatre fois de suite l'orge qu'on lui présente, on ne doit jamais s'arrêter en route.

72.

Voulez-vous savoir, après une journée de courses et de fatigues excessives, quel fonds vous pouvez faire sur votre cheval ? mettez pied à terre, et tirez-le fortement à vous par la queue ; s'il résiste, sans être ébranlé, et comme fixé au sol, vous pouvez compter sur lui.

73.

Quand après une marche longue et pénible, en hiver, par la pluie et par le froid, vous regagnez enfin votre tente ; couvrez bien votre cheval, donnez-lui de l'orge légèrement grillée, et ne le faites pas boire, ou ne le laissez boire que modérément ce jour-là.

74.

Est-on devenu cavalier d'été, il faut devenir cavalier d'hiver.

Est-on devenu cavalier du talon, il faut devenir cavalier du fusil.

Le cavalier parfait est celui qui réunit toutes ces qualités [1].

1. Le nom de cavalier ne s'acquiert qu'après de grandes preuves d'habileté.

Pour être réputé tel, il ne suffit pas de savoir conduire un cheval sur des terrains secs, sur des surfaces unies, il faut, le fusil à la main, et quelquefois un fusil très-lourd, pouvoir tirer parti d'un cheval, aux allures vives, dans un pays accidenté, boisé, difficile enfin.

75.

Quand vous verrez les chevaux du goum marcher fièrement la tête haute, et faisant retentir l'air de leurs hennissements, soyez assuré que la victoire les attend; mais quand, au contraire, vous verrez les chevaux du goum marcher tristement la tête basse, en agitant la queue, croyez que la fortune va les abandonner.

Cependant le Dieu très-haut est plus savant que personne.

76.

Un cavalier doit étudier les habitudes de son cheval, et connaître à fond ses moyens et son caractère.

Il saura alors quel degré de confiance il peut lui accorder s'il est tranquille au milieu des juments, ou si, après avoir mis pied à terre, il doit le surveiller et l'entraver. Aucun de ces détails n'est indifférent en présence de l'ennemi.

77.

Dans les expéditions, quand tu dois dormir, pendant que tes camarades veillent, prends pour oreiller quelques brides de tes frères, et tu ne seras jamais abandonné, oublié, quoi qu'il puisse arriver.

78.

Faites travailler vos chevaux, et faites-les travailler encore.

L'écueil du cheval, ainsi que la cause principale de ses vices[1] *et de*

1. L'éducation d'un cheval terminée, il peut arriver que des vices se déclarent encore chez certains chevaux; mais les Arabes ne s'en

ses maladies, sont l'inaction et la graisse.

79.

Tout cheval endurci porte bonheur.

80.

Oui, donnez du talon à vos chevaux,
Apprenez, et apprenez-leur ce qui vous servira.
Dans ce monde, il faut qu'un jour ou l'autre,
L'homme se rencontre avec son demandeur [1].

alarment nullement parce que, suivant eux, si l'animal est bien conformé, ils ne peuvent plus provenir que d'un excès de repos qui le rend, ou paresseux par habitude, ou capricieux par surabondance vitale. Ils arrivent toujours à le corriger et cela tout simplement par le travail, les fatigues de la guerre ou la chasse.

1. *Le demandeur de sa vie.* Il est impossible

qu'un Arabe, dans le cours de sa vie aventureuse, n'ait point quelques combats mortels à livrer. — La guerre, la rapine et les vengeances sont toujours là pour lui en fournir les occasions.

TABLE DES MATIÈRES.

	Pages
Avant-propos	4
Choix du cheval	9
Nourriture	21
Boisson	27
Hygiène—Soins	33
Éducation	39
Travail	47

Imprimerie de Ch. Lahure, rue de Vaugirard, 9.

OUVRAGES DU MÊME AUTEUR :

Le Sahara algérien, études statistiques et historiques sur la région au sud des établissements français en Algérie.

Les chevaux du Sahara.

Mœurs et coutumes de l'Algérie (Tell. — Kabylie. — Sahara).

La grande Kabylie, études historiques, par MM. Daumas et Fabar.

Le grand Désert, ou itinéraire d'une caravane du Sahara au pays des nègres (royaume de Haoussa), par MM. Daumas et Ausone de Chancel.

Typographie de Ch. Lahure, rue de Vaugirard, 9.

www.ingramcontent.com/pod-product-compliance
Ingram Content Group UK Ltd.
Pitfield, Milton Keynes, MK11 3LW, UK
UKHW020410180726
13839UKWH00003B/1289

9 782329 433646